科学のアルバム

ハヤブサの四季

伊藤正清●写真
松田忠徳●文

あかね書房

もくじ

空《そら》のスピード王《おう》、ハヤブサ●2
急降《きゅうこう》下《か》襲撃《しゅうげき》●7
ハヤブサの調《ちょう》理《り》場《ば》●8
早春《そうしゅん》の地《ち》球岬《きゅうみさき》●10
岩《いわ》だなの上《うえ》の産卵《さんらん》●14
ひなのたんじょう●16
ひなの成長《せいちょう》とえさになる鳥《とり》たち●18
巣《す》立《だ》ち●20
ひとりだちの準《じゅん》備《び》●25
ハヤブサとなわばり内《ない》の鳥《とり》たち●26
はじめての狩《か》り●28
ハト狩《が》りに成功《せいこう》●31
秋《あき》のおとずれと子《こ》わかれ●32
冬鳥《ふゆどり》で命《いのち》をつなぐハヤブサ●39
ワシ・タカのなかま●41

日本《にっぽん》でみられるハヤブサのなかま●46
地球岬《ちきゅうみさき》の鳥《とり》たちとハヤブサ●48
地球岬《ちきゅうみさき》のハヤブサの一年《ねん》●50
自然界《しぜんかい》の番人《ばんにん》、ハヤブサ●52
あとがき●54

構成●渡辺一夫
イラスト●森上義孝
むかいながまさ
渡辺洋二
林　四郎
装丁●画　工　舎

科学のアルバム

ハヤブサの四季

伊藤正清（いとう　まさきよ）

一九四八年、北海道に生まれる。

新日鉄室蘭《しんにってつむろらん》に勤《つと》めたあと、ハヤブサの生態《せいたい》研究を志《こころざ》し、動物写真家として独立《どくりつ》する。

写真集に「ハヤブサー断崖《だんがい》の狩猟者《しゅりょうしゃ》」（山と渓谷社）がある。

日本野鳥の会、日本鳥類《ちょうるい》保《ほ》護連盟《ごれんめい》に所属《しょぞく》。

松田忠徳（まつだ　ただのり）

一九四九年、北海道に生まれる。

東京外国語大学大学院修了《しゅうりょう》。

現在《げんざい》、翻訳家《ほんやくか》、ナチュラリスト、動物写真家として活躍《かつやく》。

著書《ちょしょ》に「クマゲラのいる島」「エゾシカの悲劇《ひげき》」（共に大日本図書）、「エゾシカは生きていく」（新日本出版社）などがある。

日本野鳥の会会員。

海《うみ》にそそりたつがけの岩《いわ》だなで、
ハヤブサがつばさを休《やす》めています。
目《め》のまえに広《ひろ》がる空《そら》と海《うみ》。
そこは、断《だん》がいのかりゅうど、
ハヤブサの活《かつ》やくする世界《せかい》です。

→ハヤブサのつばさは、胴《どう》にくらべて長《なが》いのがとくちょう。全長《ぜんちょう》（くちばしの先《さき》から尾《お》の先《さき》までの長《なが》さ）の約《やく》二・五倍《ばい》あります。パタパタとはばたき、これに滑空《かっくう》をまじえて、速《はや》く飛《と》びます。

←断《だん》がいの岩《いわ》の間《あいだ》を、海《うみ》からふきあげる風《かぜ》にのって、グライダーのように飛《と》ぶこともあります。

空《そら》のスピード王《おう》、ハヤブサ

するどく大《おお》きな目《め》、かぎ形《がた》にまがったくちばし。それらは、ハヤブサが、ワシ・タカのなかまであることをおしえてくれます。

しかし、ハヤブサには、ほかのワシ・タカ類《るい》とちがい、先《さき》のとがった長《なが》いつばさがあります。このつばさは、速《はや》く飛《と》ぶのにてきした形《かたち》をしています。ですから、ハヤブサは、どの鳥《とり》よりも速《はや》く飛《と》べ、大空《おおぞら》でえものをしとめることもできるのです。

ハヤブサは、むかしは日本中《にっぽんじゅう》でよくみられる鳥《とり》でした。ところが現在《げんざい》では、数《かず》がへってしまい、人間《にんげん》をよせつけない海辺《うみべ》の断《だん》がいなどでしか、みることができません。

●ハヤブサのみわけかた

◀下《した》からみたハヤブサのからだ。波状《なみじょう》のもようが横《よこ》にならぶ。若鳥《わかどり》はもようが縦《たて》にならぶ。尾《お》でかじをとる。

▲顔《かお》には，ハヤブサ紋《もん》とよばれる黒《くろ》いひげのようなもようがある。

◀足《あし》は，急降下《きゅうこうか》して，飛《と》んでいる鳥《とり》を一撃《いちげき》でしとめるために，短《みじか》くじょうぶにできている。するどいナイフのようなつめがある。

←荒波《あらなみ》が打《う》ちくだける岩《いわ》の上空《じょうくう》をまう、ハヤブサのおす。なわばりのパトロールは、かかせない日課《にっか》です。ハヤブサは小型《こがた》のワシ・タカ類《るい》で、全長《ぜんちょう》はめすで五十センチメートル。カラスよりやや小《ちい》さなからだです。おすはめすよりひとまわり小《ちい》さく、全長《ぜんちょう》三十八センチメートルほどしかありません。

4

きりたった断《だん》がいにそって、まっさかさまに急降下《きゅうこうか》しはじめたハヤブサ。えものをめがけて、ほとんど垂直《すいちょく》に急降下《きゅうこうか》するのが、スピードを出《だ》すひけつです。

急降下《きゅうこうか》しながらしだいにつばさをすぼめ、スピードをまします。えものに砲弾《ほうだん》のような体《たい》あたりをして、するどいつめをもった足《あし》で、その首《くび》すじをへしおってしまいます。

急降下襲撃《きゅうこうかしゅうげき》

ハヤブサのえものは、断《だん》がい付近《ふきん》の海上《かいじょう》をゆきかう鳥《とり》たちです。

断《だん》がいの岩《いわ》だなから、海《うみ》の上《うえ》を飛《と》ぶえものをみつけると、ハヤブサは大空《おおぞら》にまいあがります。それから、急降下《きゅうこうか》襲撃《しゅうげき》して、えものをしとめるのです。

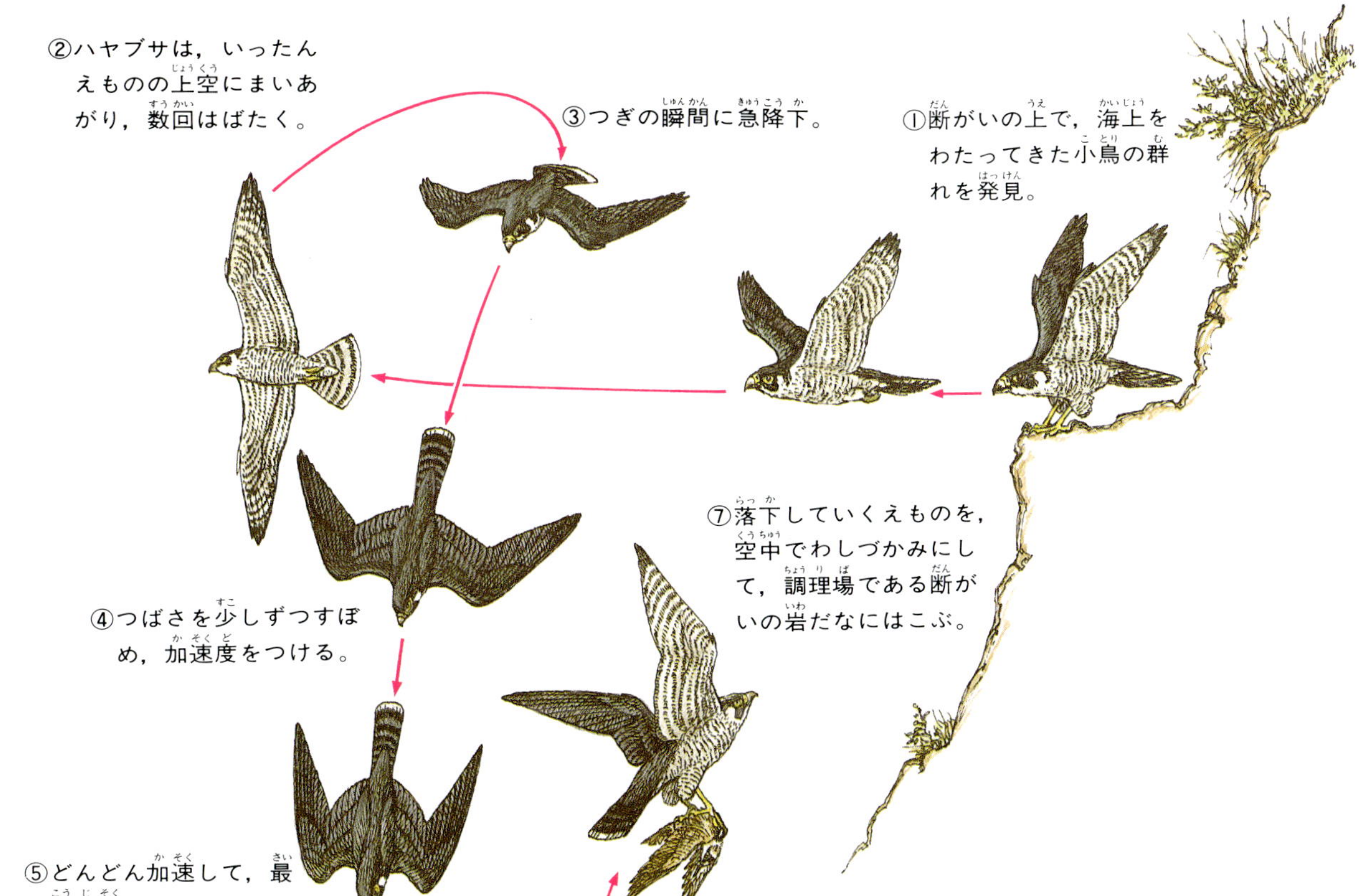
①断《だん》がいの上《うえ》で，海上《かいじょう》をわたってきた小鳥《ことり》の群《む》れを発見《はっけん》。
②ハヤブサは，いったんえものの上空《じょうくう》にまいあがり，数回《すうかい》はばたく。
③つぎの瞬間《しゅんかん》に急降下《きゅうこうか》。
④つばさを少《すこ》しずつすぼめ，加速度《かそくど》をつける。
⑤どんどん加速《かそく》して，最《さい》高時速《こうじそく》は 400 キロメートルになることもある。
⑦落下《らっか》していくえものを，空中《くうちゅう》でわしづかみにして，調理場《ちょうりば》である断《だん》がいの岩《いわ》だなにはこぶ。

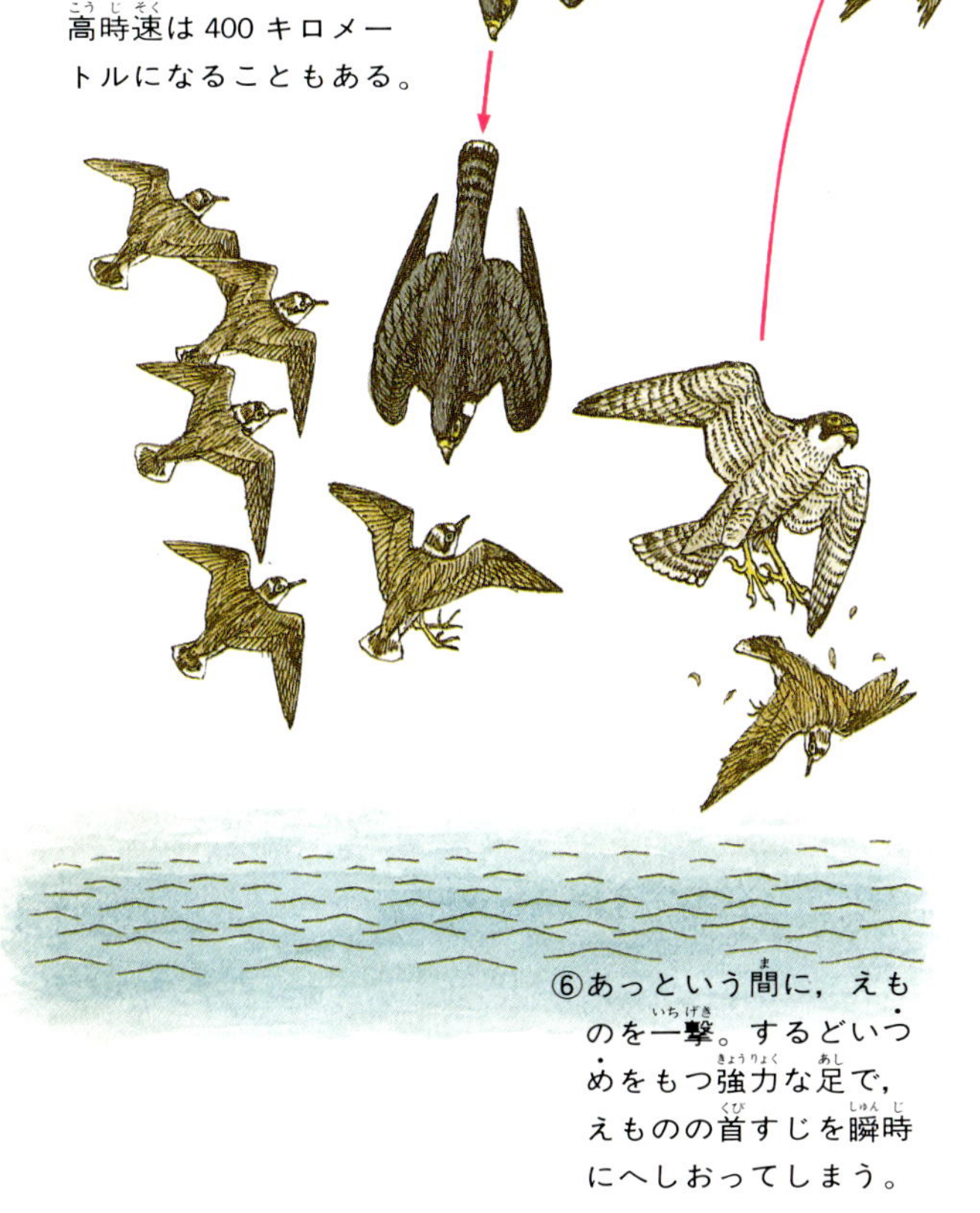
⑥あっという間《ま》に，えものを一撃《いちげき》。するどいつめをもつ強力《きょうりょく》な足《あし》で，えものの首《くび》すじを瞬時《しゅんじ》にへしおってしまう。

➡とらえたハトを足《あし》のつめでしっかりつかんではこぶハヤブサ。えものには，足輪《あしわ》がついています。レースバトのようです。

⬇するどいつめのあるハヤブサの足《あし》の指《ゆび》。うしろの指《ゆび》と，前方《ぜんぽう》のまんなかの指《ゆび》で，えものを強《つよ》くにぎります。

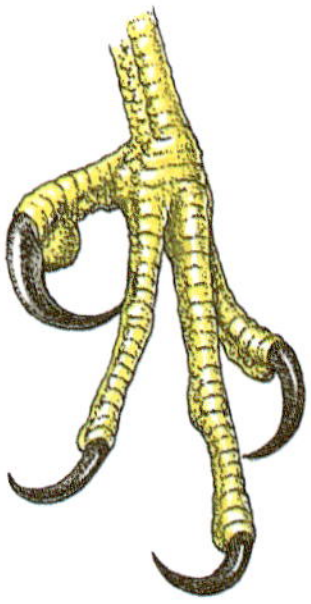

ハヤブサの調《ちょう》理《り》場《ば》

ハヤブサは、空中《くうちゅう》でしとめたえものを、その場《ば》では食《た》べません。まず、断《だん》がいの岩《いわ》だなにはこびます。

岩《いわ》だなは、えものを食《た》べやすく料《りょう》理《り》する、ハヤブサの調《ちょう》理《り》場《ば》です。

きずつき、ぐったりしたえものを岩《いわ》の上《うえ》におくと、足《あし》のつめでおさえます。それから、するどいくちばしで、えものの首《くび》を切《き》ってしまいます。そして、羽《はね》をむしり、肉《にく》をちぎって食《た》べます。

食《しょく》事《じ》のあとは、草《くさ》むらに顔《かお》や足《あし》をつっこみます。くちばしやつめについた血《ち》や羽《はね》を、ていねいにふきとるのです。

⬆ハヤブサが，岩場《いわば》で休《やす》んでいたハトをおそった瞬間《しゅんかん》。空中《くうちゅう》だけでなく，このように地上《ちじょう》でえものをおそうこともあります。ハヤブサは，３日《か》に一度《ど》ぐらいの割合《わりあい》でえものをつかまえます。狩《か》りの成功率《せいこうりつ》は，ハトをねらったときで70パーセント，ヒヨドリやスズメなどだと40パーセントほどです。

⬅地上《ちじょう》でつかまえたえものは，その場《ば》でころしてしまいます。するどい切《き》れこみのある上《うわ》くちばしで，えものの首《くび》の動脈《どうみゃく》をかみ切《き》ってしまうのです。それから，調理《ちょうり》がはじまります。

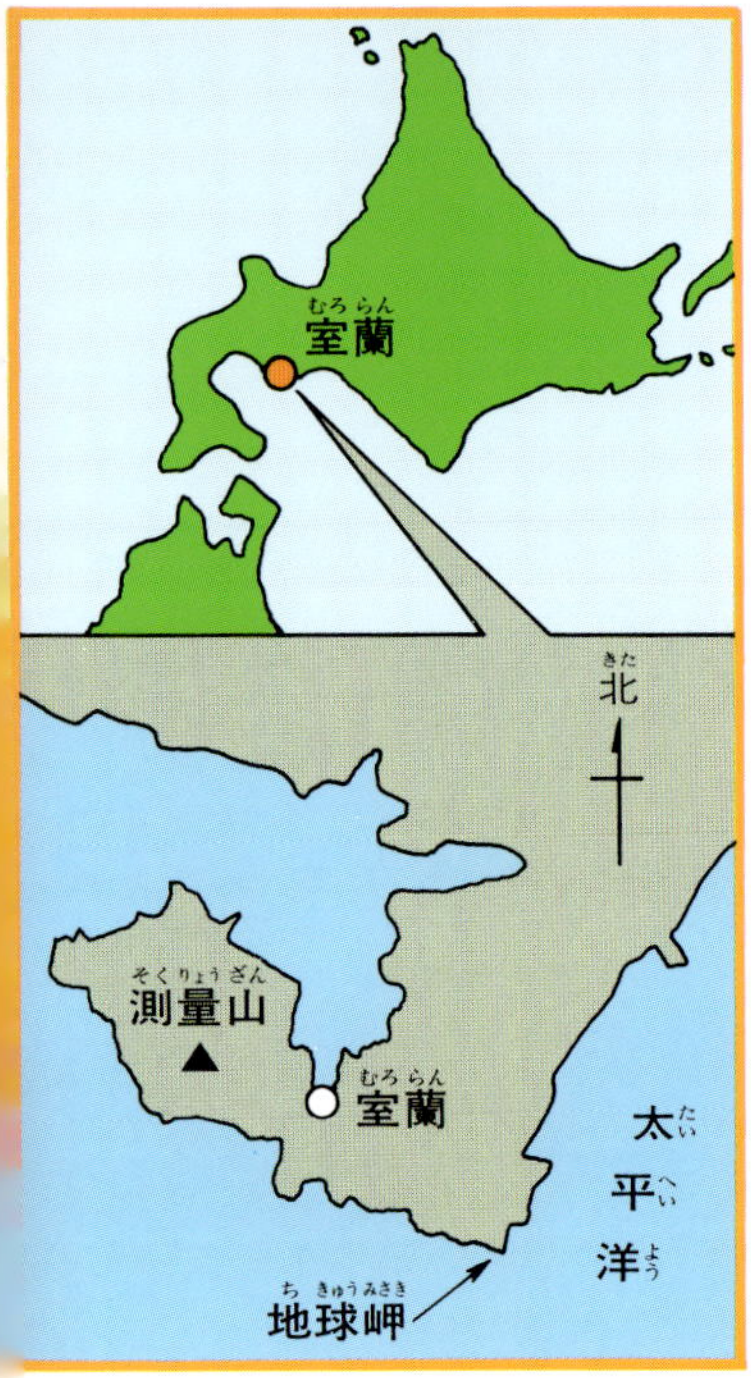

➡三月《がつ》の地球岬《ちきゅうみさき》付近《ふきん》。高《たか》さ百《ひゃく》メートルの断《だん》がいが、五キロメートルもつづきます。地球岬《ちきゅうみさき》の〝チキュウ〟は、アイヌ語《ご》で断《だん》がい絶《ぜつ》ぺきを意《い》味《み》する〝チケウェ〟がなまったことばです。

早春《そうしゅん》の地球岬《ちきゅうみさき》

ここは、製鉄《せいてつ》の町《まち》で有名《ゆうめい》な、北海道《ほっかいどう》室蘭市《むろらんし》の南《みなみ》のはずれ、地球岬《ちきゅうみさき》です。町《まち》の中心《ちゅうしん》から、わずか一～二キロメートル。太平洋《たいへいよう》につきでた岬一帯《みさきいったい》が、日本《にっぽん》でも数少《かずすく》ないハヤブサの繁殖地《はんしょくち》です。

岩《いわ》だなから、キョッ、キョッとハヤブサのめすのあまえ声《ごえ》がきこえてきます。おすが、とってきたえものを、めすにプレゼントしているのです。

あちこちのなわばりで、このような行動《こうどう》がみられるようになると、春《はる》もまぢか。きびしい北国《きたぐに》の冬《ふゆ》もおわりをつげ、ハヤブサの一年《ねん》がはじまります。

←断《だん》がい絶《ぜっ》ぺきの頂上《ちょうじょう》で交尾《こうび》。３月《がつ》10日《か》ごろから月末《げつまつ》まで，１日《にち》に２～３回《かい》の交尾《こうび》がみられます。３月《がつ》とはいえ，地球岬《ちきゅうみさき》では，氷点下《ひょうてんか》10度《ど》まで気温《きおん》がさがることもめずらしくはありません。

↓おす(左《ひだり》)からめすへ，えさのプレゼント。プレゼントをうけとるとき，めすは頭《あたま》を上下《じょうげ》にふりながら，キョッ，キョッと喜《よろこ》びの声《こえ》をあげます。このような行動《こうどう》がつづいたあと，交尾《こうび》がみられます。

➡おすとめすがいっしょになっての狩《か》り。海《うみ》の上《うえ》をわたるヒヨドリの群《む》れの中《なか》から1羽《わ》をおそいます。

⬇ヒヨドリをとらえたおすが，めすに，空《くう》中《ちゅう》でえさわたしをしています。これも，つがいの愛情表現《あいじょうひょうげん》のひとつです。

●早春《そうしゅん》の風《かぜ》がふきぬけると，ヒヨドリの群《む》れが南《みなみ》からやってきます。ハヤブサは，必要《ひつよう》な1羽《わ》をものにすれば，それ以上《いじょう》はおそいません。ヒヨドリたちも，なかまの死《し》をものともせず海《うみ》をわたっていきます。

⬅えものをわしづかみにして，岩《いわ》だなの調理場《ちょうりば》へはこぶおす。前方《ぜんぽう》の３本《ぼん》の指《ゆび》のうち，中央《ちゅうおう》の指《ゆび》が長《なが》く，にぎる力《ちから》がたいへんに強《つよ》いので，えものをおとすことはめったにありません。

➡卵《たまご》をあたためるめす(右《みぎ》)と，みまもるおす。この巣《す》では，めずらしく産卵《さんらん》のために巣材《すざい》が使《つか》われていました。

⬅めす(右《みぎ》)が立《た》ちあがって，卵《たまご》をだくのをおすと交代《こうたい》します。めすが食事《しょくじ》をするときだけ，おすは卵《たまご》をだきます。この年《とし》は，3個《こ》の卵《たまご》をうみました。

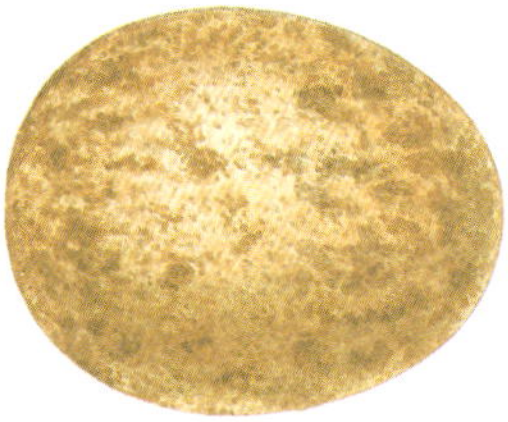

⬆赤《せき》かっ色《しょく》のまだらもようがある，ハヤブサの卵《たまご》。長径約《ちょうけいやく》5センチメートル。

岩《いわ》だなの上《うえ》の産卵《さんらん》

残雪《ざんせつ》もとけた四月《がつ》はじめ。ハヤブサのめすは、雨風《あめかぜ》がはいりにくい岩《いわ》だなのくぼみに、二~四個《こ》の卵《たまご》をうみます。

ハヤブサは、ほかの鳥《とり》のように、かれ草《くさ》やかれ枝《えだ》で巣《す》をつくることがなく、ふつう、地面《じめん》にじかに卵《たまご》をうみます。それに、巣《す》の場所《ばしょ》も、毎年《まいねん》ほとんど同《おな》じです。

卵《たまご》をあたためるのは、おもにめすの役目《やくめ》です。

おすの仕事《しごと》は、なわばりに侵入《しんにゅう》してくるカラスを追《お》いはらったり、めすのためにえものをとってくることです。

ひなのたんじょう

　五月《がつ》の半《なか》ば、北国《きたぐに》も春《はる》。南《みなみ》からわたり鳥《どり》が海《うみ》をわたってきます。このころ、白《しろ》い綿毛《わたげ》につつまれた、ハヤブサのひながたんじょうします。卵《たまご》をだきはじめてから、三十六～三十八日目《にちめ》です。のこりの卵《たまご》も、うまれたじゅんにふ化《か》します。ときには、ふ化《か》しないで、死《し》んでくさってしまう卵《たまご》もあります。

　めす親《おや》は、ふ化《か》したあとも、一週間《しゅうかん》ほどひなをだきつづけます。そのあと、めす親《おや》は巣《す》からはなれても、ひながみえるところで、外敵《がいてき》をみはります。

　おす親《おや》は、ますます狩《か》りでいそがし

➡ふ化後《かご》三日《か》目《め》のひなに、口《くち》うつしでえさをやるめす親《おや》。はじめのころは、一日《にち》二～三回《かい》えさをあたえます。この年《とし》にうんだ三個《こ》のたまごのうち、最初《さいしょ》にふ化《か》したのは、三十八日目《にちめ》でした。五月半《がつなか》ばのこの時期《じき》は、南《みなみ》から夏鳥《なつどり》が海《うみ》をわたってくるので、えさが豊富《ほうふ》です。

くなります。ひなは、生後《せいご》三日《か》目《め》から、親《おや》と同《おな》じように肉《にく》を食《た》べるからです。えものの羽《はね》をむしり、肉《にく》を小《ちい》さく食《く》いちぎって、ひなの口《くち》に入《い》れてやるのは、ほとんどめす親《おや》の役目《やくめ》です。

⬅ひなのいる巣《す》の上空《じょうくう》に、カラスが飛《と》んできました。めす親《おや》は、神経《しんけい》質《しつ》そうに警戒《けいかい》します。

⬅卵《たまご》をだいて四十日目《にちめ》に、二個目《こめ》の卵《たまご》がふ化《か》しました。のこりの一個《こ》は、ついにかえりませんでした。

⬅ふ化《か》して十八日目《にちめ》。空腹《くうふく》になると、ピィー、ピィー鳴《な》きます。ひなの羽《う》毛《もう》がだいぶはえかわりました。

➡ハヤブサの主食《しゅしょく》は，小鳥類《ことりるい》です。春《はる》から夏《なつ》にかけてはヒヨドリやコチドリを，秋《あき》から冬《ふゆ》にかけてはウミスズメなどを，つかまえます。中型《ちゅうがた》の鳥《とり》のカモ類《るい》やハト類《るい》も，えものとなります。ときには，自分《じぶん》のからだより大《おお》きなキジをおそったこともありました。（鳥《とり》の大《おお》きさは同《おな》じ比率《ひりつ》でかいてあります）

ウミスズメ
ハヤブサ
（おす）
ドバト
キジ
コチドリ
ヒヨドリ

ひなの成長《せいちょう》とえさになる鳥《とり》たち

ひなは、またたく間《ま》に大《おお》きく成長《せいちょう》します。三週間《しゅうかん》をすぎると、ひなの目《め》つきはするどくなります。そして、巣《す》の外《そと》へ出《で》たりはいったりして、しきりに外《そと》のようすをながめます。四週間《しゅうかん》もすると、目《め》の下《した》に独《どく》とくのもよう、〝ハヤブサひげ〟がみえてきます。からだをおおう白《しろ》い綿毛《わたげ》も、ほとんどなくなります。

ひなたちのために、おす親《おや》は、さまざまなえものをはこんできます。えものは、海《うみ》をわたってくる、ヒヨドリやコチドリたちです。ときには町《まち》のドバトをおそうこともあります。

ハヤブサが子育《こそだ》てでいそがしい六月《がつ》は、付《ふ》近《きん》の岩《いわ》だなもにぎやかです。海辺《うみべ》の鳥《とり》たちが産卵《さんらん》して、卵《たまご》をだきはじめるからです。

⬆めす親《おや》(右《みぎ》)と，ふ化《かご》後４週間《しゅうかん》目《め》のひな。目《め》の下《した》のハヤブサひげとともに，腹《はら》には，縦《たて》じまのもようがめだってきました。

➡ふ化《か》して三十五日目《にちめ》。親鳥《おやどり》とほとんどかわらないくらい、大《おお》きくなりました。このころになると、幼鳥《ようちょう》は、おす親《おや》からじかにえさをもらい、小鳥《ことり》などは自分《じぶん》でくいちぎって食《た》べます。

⬅ふ化《か》して三十八日目《にちめ》。ひまさえあれば、断《だん》がいのへりに出《で》て、はばたきの練習《れんしゅう》をくりかえします。めす親《おや》は、近《ちか》くの岩場《いわば》から、幼鳥《ようちょう》をみまもっています。巣立《すだ》ちもまぢかです。

巣立《すだ》ち

六月《がつ》も半《なか》ばをすぎ、エゾスカシユリのオレンジ色《いろ》の花《はな》が断《だん》がいにさくころになると、幼鳥《ようちょう》はしきりに、はばたきの練習《れんしゅう》をはじめます。巣立《すだ》ちのときがちかづいているのです。

そういえば、えさの回数《かいすう》が一日《にち》一回《かい》にへらされはじめました。空腹《くうふく》にたえかねた幼鳥《ようちょう》が、断《だん》がいのへりにせり出《だ》して、鳴《な》きつづけています。

親鳥《おやどり》は巣《す》のある岩《いわ》だなの上空《じょうくう》を、キィー、キィーとかん高《だか》く鳴《な》きながら、飛《と》びまわっています。幼鳥《ようちょう》の巣立《すだ》ちをうながしているようです。

ふ化《か》して三十九日目《にちめ》。幼鳥《ようちょう》は、朝《あさ》からえさをあたえられていませんでした。めす、おすの親鳥《おやどり》は、巣《す》のある岩《いわ》だなの上空《じょうくう》を、しきりに飛《と》びまわりました。幼鳥《ようちょう》の巣立《すだ》ちをうながしていたのです。ためらう幼鳥《ようちょう》をはげますように、めす親《おや》が鳴《な》きつづけました。そしてついに、幼鳥《ようちょう》は岩《いわ》だなをけって飛《と》び立《た》ちました。のこりの一羽《わ》も、つぎの日《ひ》、巣立《すだ》ちました。

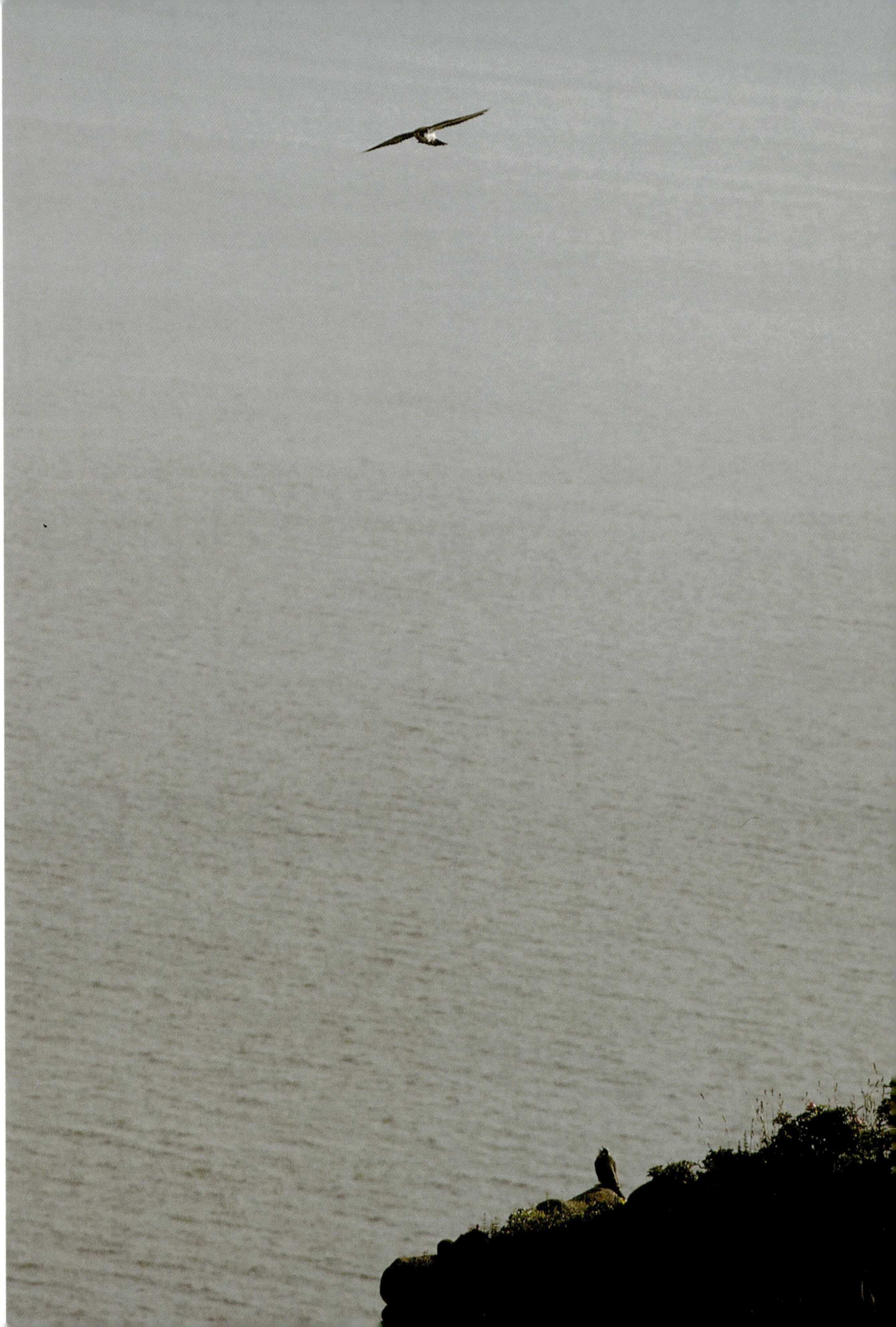

➡太平洋《たいへいよう》をみおろす岩場《いわば》で、上空《じょうくう》の親鳥《おやどり》の行動《こうどう》をみながら、飛《と》びかたや狩《か》りの方法《ほうほう》を学《まな》ぶ若鳥《わかどり》。親鳥《おやどり》は、若鳥《わかどり》がカラスやオオタカにおそわれないよう気《き》をつけます。

ハマナスがさく岩場《いわば》で，親《おや》がはこぶえさをまつ，巣立《すだ》ち後《ご》2日目《かめ》の若鳥《わかどり》。

カラスの集団《しゅうだん》におそわれる若鳥《わかどり》(右《みぎ》はし)。このころの最大《さいだい》の敵《てき》はカラスです。

ひとりだちの準備《じゅんび》

岩《いわ》だなを飛《と》び立《た》った若鳥《わかどり》は、ぎごちない羽《は》ばたきで、七十～八十メートル先《さき》の断《だん》がいにたどりつきました。

巣立《すだ》ちしたものの、若鳥《わかどり》は、まだ自《じ》分《ぶん》の力《ちから》だけでは、生《い》きていけません。まわりがみわたせる岩場《いわば》で、親鳥《おやどり》がはこんでくれるえさをまちます。ドバトやカモなどの大《おお》きなえものは、まだ親《おや》鳥《どり》に羽《はね》をむしってもらい、口《くち》うつしで肉《にく》を食《た》べさせてもらっています。

親鳥《おやどり》の飛《と》ぶ姿《すがた》をみたり、狩《か》りのしかたを学《まな》んだり、羽《は》づくろいをしたりして、若鳥《わかどり》の一日《にち》があけくれます。

ハヤブサとなわばり内《ない》の鳥《とり》たち

　七月《がつ》になると、地《ち》球岬《きゅうみさき》の断《だん》がいのあちこちで、海辺《うみべ》の鳥《とり》たちのひながかえります。

　ハヤブサは、これらの鳥《とり》をおそうことはないのでしょうか。その気《き》になれば、たやすいことです。

　たった一度《ど》だけ、狩《か》りに行《い》くとちゅうのハヤブサが、オオセグロカモメの親《おや》の目《め》をぬすんでひなをもちさったことがありました。

　しかしふだんは、同《おな》じなわばり内《ない》でくらす鳥《とり》を、むやみにおそったりすることはないのです。

➡同《おな》じなわばり内《ない》の岩場《いわば》で休《やす》む、ハヤブサ(左《ひだり》)とハクセキレイ(右《みぎ》)。

⬅ハヤブサがすんでいる地球岬《ちきゅうみさき》の海《うみ》は、またとない漁場《ぎょじょう》です。魚《さかな》をとる鳥《とり》たちもやってくるので、ハヤブサはえさにこまらないのです。しかし、つり船《ぶね》がひんぱんにやってくる日《ひ》は、ハヤブサは狩《か》りができません。

⬆ハヤブサのなわばり内《ない》で繁《はん》殖《しょく》するオオセグロカモメ。冬《ふゆ》になると，大部分《だいぶぶん》は，東《とう》北《ほく》地方《ちほう》など，南《みなみ》の方《ほう》へわたっていきます。

⬅夏《なつ》の地球岬《ちきゅうみさき》の燈台《とうだい》。この一《いっ》帯《たい》はわたり鳥《どり》の中継点《ちゅうけいてん》です。

⬆上空《じょうくう》をまって，飛行《ひこう》の練習《れんしゅう》をする若鳥《わかどり》。親鳥《おやどり》とかわらぬ飛《と》びかたができるようになりました。しかし，方向転換《ほうこうてんかん》は，まだぎごちないようです。

➡めす親《おや》(右《みぎ》)が，えものを調理《ちょうり》するところをみまもる若鳥《わかどり》。

はじめての狩《か》り

八月《がつ》のおわりのことです。

岩《いわ》だなにとまっていた若鳥《わかどり》が、目《め》のまえに飛《と》んできたオオセグロカモメを、追《お》いかけました。

しかしとらえることができませんでした。親鳥《おやどり》にならった、狩《か》りのおさらいをしてみたのでしょう。

ハヤブサの親《おや》が、巣立《すだ》ちした若《わか》鳥《どり》の世話《せわ》をする期間《きかん》は、約《やく》四か月《げつ》。この間《かん》に、若鳥《わかどり》は飛《と》びかたや狩《か》りの方法《ほうほう》、えものの調理《ちょうり》のしかたなど、ひとりだちしていくための技《ぎ》術《じゅつ》を学《まな》ばなければなりません。

断《だん》がいに集《あつ》まった、親子《おやこ》三羽《ば》のハヤブサ。上《うえ》におす親《おや》、下《した》に若鳥《わかどり》、急降下《きゅうこうか》しているのがめす親《おや》。巣立《すだ》ち後《ご》に、親子《おやこ》がそろうのはめずらしいことです。

↑巣立《すだ》ち後《ご》，はじめて狩《か》りに成功《せいこう》した若鳥《わかどり》。しかし，せっかく空中《くうちゅう》でとらえたドバトを，岩場《いわば》におとしてしまい，あわててひろいにもどりました。

自分《じぶん》の力《ちから》と技《わざ》でしとめたドバトに、むしゃぶりつく若鳥《わかどり》。食《た》べのこしは、近《ちか》くの岩《いわ》かげにかくしてたくわえます。ハヤブサは、食《た》べものをけっしてむだにはしないのです。

ハト狩《が》りに成功《せいこう》

九月《がつ》のおわり、「急降下襲撃《きゅうこうかしゅうげき》」をようやくおぼえた若鳥《わかどり》が、とうとうハト狩《が》りに成功《せいこう》しました。

岩《いわ》だなにはこんでくると、まずハトの首《くび》を、するどいくちばしで切《き》りとりました。それから、羽《はね》をむしりとりました。親鳥《おやどり》におそわったとおりです。

食《た》べのこした肉《にく》は、近《ちか》くの岩《いわ》かげにかくしました。ハヤブサは、悪天候《あくてんこう》でえものがとれないときのために、食料《しょくりょう》をたくわえておく習性《しゅうせい》があるのです。

これは、ほかのワシ・タカのなかまにはあまりない、めずらしい習性《しゅうせい》です。

↑秋《あき》の地球岬《ちきゅうみさき》の燈台《とうだい》。冬《ふゆ》はもう目《め》のまえ。北《きた》からやってくる冬《ふゆ》のわたり鳥《どり》が，岬《みさき》の上《うえ》を通過《つうか》するのもまぢかです。

→子育《こそだ》てをおわって，断《だん》がい絶《ぜっ》ぺきで休《やす》むハヤブサのつがい。上《うえ》がめす，下《した》がおす。

秋《あき》のおとずれと子《こ》わかれ

十月《がつ》の声《こえ》をきくと、北国《きたぐに》の秋《あき》はかけ足《あし》でとおりすぎていきます。

「ゲェー、ゲェー」

上空《じょうくう》をみると、鳴《な》きさけぶ若鳥《わかどり》を、めす親《おや》がしつこく追《お》いかけています。

いよいよ、子《こ》わかれです。

一人《いちにん》まえに成長《せいちょう》した若鳥《わかどり》は、たとえわが子《こ》とはいえ、親《おや》にとっては食《た》べものをうばいあう、新《あたら》しい競争相手《きょうそうあいて》です。

地球岬《ちきゅうみさき》付近《ふきん》の断《だん》がいには、五組《くみ》ものハヤブサのつがいがすんでいます。これ以上《いじょう》、競争相手《きょうそうあいて》がふえてもよいというほどには、えものはいないのです。

⬆岩《いわ》かげの“貯食場《ちょしょくば》”から，かくしておいたえさをはこびだす，おすの親鳥《おやどり》。このような貯食場《ちょしょくば》は，ひとつのなわばり内《ない》に4～5か所《しょ》あります。この習性《しゅうせい》をみても，ハヤブサが，むやみやたらと小鳥《ことり》たちをおそっているのではないことがわかります。

↑地球岬《ちきゅうみさき》から４キロメートル，室蘭《むろらん》の町《まち》はずれにある測《そく》量《りょう》山《ざん》のわきをぬけるハヤブサ。冬《ふゆ》がちかづき岬《みさき》付《ふ》近《きん》の海《うみ》をわたるえものの鳥《とり》がいなくなると，ハヤブサはドバトをもとめ，町《まち》の上空《じょうくう》にまでやってきます。

←海《うみ》の上《うえ》で，成長《せいちょう》したわが子《こ》を，なわばりから追《お》い出《だ》そうとするめす親《おや》。巣《す》立《だ》ちから約《やく》４か月《げつ》，秋《あき》もふかまった10月《がつ》になると，毎年《まいねん》，このような子《こ》わかれの光景《こうけい》がみられます。はじめのうち，子《こ》どもは追《お》い出《だ》されても，すぐにもどってきます。めす親《おや》は，子育《こそだ》て最後《さいご》の仕事《しごと》とばかり，何日《なんにち》も同《おな》じことをくりかえし，やがて子《こ》を追《お》い出《だ》します。

⬅地球岬《ちきゅうみさき》を追《お》い出《だ》され、対岸《たいがん》の駒ヶ岳《こまがたけ》にむかって、海《うみ》の上《うえ》をわたっていく若鳥《わかどり》。
しかし、新《あたら》しいなわばりをさがすのは容易《ようい》ではありません。旅《たび》のとちゅうで、えものをとりそこなったり、カラスの集団攻撃《しゅうだんこうげき》をうけたりして、多《おお》くの若鳥《わかどり》は死《し》んでしまいます。

←↑ふりしきる雪《ゆき》の中《なか》で，えさを食《た》べるめすのハヤブサ。子育《こそだ》てがおわったあとは，きびしい北国《きたぐに》の冬《ふゆ》がまちかまえています。ま冬《ふゆ》になると，ハヤブサはあまりえものをとらなくなります。ホオジロガモ，アトリ，ハギマシコ，シノリガモなど，わずかな冬鳥《ふゆどり》をたよりに，命《いのち》をつなぐのです。

⬆冬《ふゆ》になると，大型《おおがた》のワシ・タカ類《るい》であるオジロワシも南下《なんか》してきて，地球岬《ちきゅうみさき》をとおります。

⬅なわばりにのこった親《おや》のハヤブサ。地球岬《ちきゅうみさき》から自然界《しぜんかい》のしくみをみまもりつづけます。

冬鳥《ふゆどり》で命《いのち》をつなぐハヤブサ

北国《きたぐに》の長《なが》い冬《ふゆ》がやってきました。海《うみ》の水《みず》は黒《くろ》ずみ、なまり色《いろ》の雪雲《ゆきぐも》が低《ひく》くたれこめます。ハヤブサの若鳥《わかどり》を追《お》うように、冬鳥《ふゆどり》が地球岬《ちきゅうみさき》をかすめ、北《きた》から南《みなみ》へわたっていきます。なわばりにのこったハヤブサにとって、冬鳥《ふゆどり》は、命《いのち》をつなぐ貴重《きちょう》なえものです。

もしも、わたり鳥《どり》たちのゆく先《さき》の自《し》然《ぜん》がなくなったら、わたり鳥《どり》の数《かず》はへり、ハヤブサも生《い》きていけません。

こうしてみると、地球岬《ちきゅうみさき》の海《うみ》と空《そら》をみつめるハヤブサの姿《すがた》は、自然《しぜん》のしくみをみはる番人《ばんにん》のように思《おも》えてきます。

北国《きたぐに》の春《はる》は、まだはるか先《さき》です。
断《だん》がいにつきでた木《き》の枝《えだ》の上《うえ》で、
ハヤブサは、冬《ふゆ》の夜《よ》明《あ》けを
じっとまちます。

日本《にっぽん》では，ここにあげた16種《しゅ》のワシ・タカ類《るい》のほかに，わたり鳥《どり》やわたりの通《とお》り道《みち》からはずれた迷鳥《めいちょう》のワシ・タカを13種《しゅ》ほど観察《かんさつ》することができます。

草原《そうげん》や山《やま》でみられるワシ・タカ
クマタカ
ノスリ
イヌワシ
チュウヒ
チョウゲンボウ
ハヤブサ
ミサゴ
ハイタカ
ツミ
サシバ
オオタカ
カンムリワシ
トビ
オジロワシ
チゴハヤブサ
ハチクマ
水辺《みずべ》でみられるワシ・タカ
森林《しんりん》でみられるワシ・タカ

ハヤブサは、イヌワシやトビなどと同《おな》じワシ・タカのなかまです。ワシ・タカ類《るい》は、フクロウ類《るい》とともに猛《もう》きん類《るい》とよばれ、おもに生《い》きた鳥《とり》やけものの肉《にく》を食《た》べます。

現在《げんざい》、世界《せかい》にはおよそ二百八十種《しゅ》のワシ・タカがいます。日本《にっぽん》には、小《しょう》は全長《ぜんちょう》約《やく》二十五センチメートルのツミから、大《だい》は全長《ぜんちょう》一メートルちかくもあるオジロワシまで、十六種《しゅ》が繁殖《はんしょく》しています。

これらワシ・タカ類《るい》は、種類《しゅるい》によって、水辺《みずべ》、草原《そうげん》や山《やま》、森林《しんりん》など、ちがう環境《かんきょう》をえらんで生活《せいかつ》しています。どれも、かぎ形《がた》にまがったくちばしやするどい目《め》をしているので、はじめはみわけがつかないかもしれません。

でも、くわしく観察《かんさつ》してみると、えものや、そのとり方《かた》もそれぞれちがい、つばさやくちばしの形《かたち》もちがっていることがわかります。

←滑空《かっくう》するのにつごうのよい，長《なが》くて細《ほそ》いつばさをもったトビ。

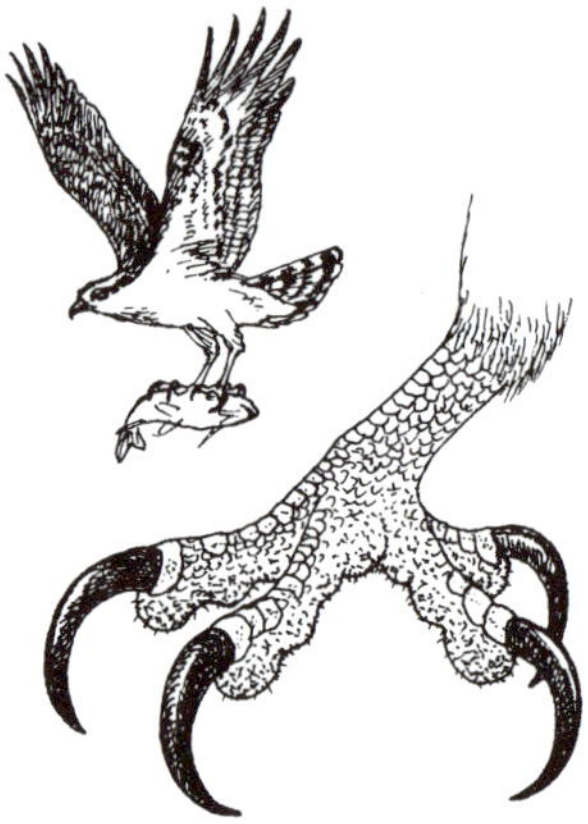

↓オジロワシの足《あし》とつめ。大型《おおがた》のサケもこのつめにひっかけてはこびます。

↓オオワシの大《おお》きくたくましいくちばし。アザラシも，このくちばしでかんたんに切《き》りさかれます。

↑ミサゴの足《あし》の指《ゆび》の下側《したがわ》には，針《はり》のようなうろこがあります。ぬるぬるした魚《さかな》でも，がっちりおさえこむことができます。

①水辺《みずべ》でみられるワシ・タカ

海上《かいじょう》をゆきかう鳥《とり》たちを、急降下襲撃《きゅうこうかしゅうげき》でおそいかかるハヤブサのほか、水辺《みずべ》のワシ・タカのとくちょうをもつものはミサゴです。水中《すいちゅう》に魚《さかな》をみつけると、そのまま上《うえ》でつばさをはげしくはばたき、停止飛行《ていしひこう》をします。つぎの瞬間《しゅんかん》、水面《すいめん》めがけて足《あし》からつっこみ、魚《さかな》をつかまえます。

ミサゴの足《あし》の指《ゆび》は、魚《さかな》をつかみやすいように、二本《ほん》がまえをむき、のこり二本《ほん》がうしろをむいています。

海岸《かいがん》や河口《かこう》などにいるワシ・タカの中《なか》で最大《さいだい》のオオワシ（冬鳥《ふゆどり》としてやってくる）やオジロワシは、水面《すいめん》にあがってきたサケやマスを、その大《おお》きなつめでひっかけてまいあがります。魚《さかな》のほかに、水鳥《みずとり》やアザラシ、キツネなどもおそうことがあり、くちばしも太《ふと》くて巨大《きょだい》です。

トビは狩《か》りをしません。死《し》んでいるか、弱《よわ》ったネズミや魚《さかな》、カエル、トカゲなどを食《た》べます。上空《じょうくう》をゆっくりとまいながら、時間《じかん》をかけて地上《ちじょう》のえさをさがさなければならないので、からだの大《おお》きさのわりに軽《かる》く、しかも、細長《ほそなが》いつばさをもっています。

←林《はやし》の中《なか》のハチの巣《す》をおそうハチクマは、くちばしだけでなく、頭《あたま》もほかのワシ・タカより長《なが》めです。

■ペリットでわかるワシ・タカ類《るい》のえさ

ワシ・タカ類《るい》の多《おお》くは，動物《どうぶつ》や小鳥《ことり》をえさにしています。小《ちい》さなえものなら，毛皮《けがわ》や羽《はね》をむしりとり，まるごとのみこんでしまいます。

ただし，大《おお》きな骨《ほね》や毛《け》などは消化《しょうか》されずに，ペリットとよばれる円筒形《えんとうけい》のかたまりにしてはきだします。だから，ペリットを調《しら》べれば，それぞれのワシ・タカがなにを食《た》べたかわかります。

↑オオタカは，滑空《かっくう》するときは，両翼《りょうよく》を水平《すいへい》にして広《ひろ》げます。

↑ハイタカはつばさが短《みじか》いので，速《はや》いはばたきで森《もり》の中《なか》を飛《と》びます。

② 森林《しんりん》でみられるワシ・タカ

オオタカは、気流《きりゅう》をうける面積《めんせき》を広《ひろ》くするため、つばさと尾《お》を大《おお》きくひらいて飛《と》びます。そして、木《き》の間《あいだ》をすばしこく飛《と》びまわることができます。えものの鳥《とり》やウサギをみつけると、うしろからおいかけてとらえます。ハヤブサのような急降下《きゅうこうか》襲撃《しゅうげき》はしません。

ハイタカは、オオタカと習性《しゅうせい》がにています。しかし、からだはハトほどの大《おお》きさなので、えものは小《ちい》さな鳥《とり》です。森林《しんりん》の中《なか》をたくみに飛《と》びまわりますが、つばさが短《みじか》いので、長時間《ちょうじかん》飛《と》びつづけることはできません。

日本《にっぽん》でいちばん小《ちい》さいワシ・タカのツミは、せまい林《はやし》の中《なか》を一直線《いっちょくせん》に、すばやく飛《と》びます。えものには、ふいにおそいかかり、するどい足《あし》のつめでひっかけます。

ハチクマは名《な》まえのとおり、ハチの巣《す》をおそいます。そのためか、くちばしがほかのワシ・タカより細《ほそ》くなっています。さらに、顔《かお》の羽毛《うもう》がかたく、うろこのようになっています。これは、ハチの襲撃《しゅうげき》から顔《かお》をまもるのに役《やく》だっています。

➡チョウゲンボウは，木《き》のない草原《そうげん》の上空《じょうくう》で小《こ》きざみにはばたき停止飛行《ていしひこう》をし，地上《ちじょう》にえものをみつけるとおそいかかります。

⬆木《き》がある山《やま》では，クマタカは広《ひろ》く地上《ちじょう》がみわたせる枝《えだ》の上《うえ》でえものをまちます。

⬆つばさを広《ひろ》げると2メートルをこえるイヌワシは，アジア大陸《たいりく》では，シカやヒツジにもおそいかかります。

➡左右《さゆう》の目《め》がまえむきのチュウヒ。フクロウのように聴覚《ちょうかく》も使《つか》って狩《か》りをします。

③草原《そうげん》や山《やま》でみられるワシ・タカ

山《やま》のワシ・タカで最大《さいだい》のものはイヌワシ。全長《ぜんちょう》九十センチメートル、つばさを広《ひろ》げると二メートルをこえます。力《ちから》が強《つよ》く、動作《どうさ》もすばやいワシです。日本《にっぽん》ではウサギなどのほ乳類《にゅうるい》をとらえます。このため、かぎ形《がた》にまがったくちばしも、ほかのワシ・タカよりするどく巨大《きょだい》です。

クマタカは、木《き》の上《うえ》でまちぶせして狩《か》りをするのがとくいです。キジやウサギなどを強力《きょうりょく》な足《あし》のつめでしめつけ、きずひとつつけずに窒息死《ちっそくし》させてしまいます。

湿原《しつげん》や草原《そうげん》の上《うえ》を低《ひく》く飛《と》びながら、ヘビやカエル、ネズミなどをねらうのはチュウヒです。狩《か》りは地上《ちじょう》でします。そのため、左右《さゆう》の目《め》が、フクロウ類《るい》のように前《まえ》むきについていて、遠近感《えんきんかん》が正確《せいかく》につかめます。

ひらけた土地《とち》にいるヘビ、ネズミ、バッタをえさとするチョウゲンボウは、停止飛行《ていしひこう》の名手《めいしゅ》です。ノスリは、輪《わ》をえがきながら上空《じょうくう》を飛《と》び、えものをさがします。

これらのワシ・タカは、長時間飛《ちょうじかんと》んでいられるように、大《おお》きさのわりにからだが軽《かる》くできています。

ハヤブサのめすはおすより大《おお》きい

ハヤブサのように、活発《かっぱつ》にえものを追《お》いかけてとらえるワシ・タカのなかまは、おすより、めすのほうが大《おお》きいのがふつうです。

ハヤブサのなわばりには、えさになる大小《だいしょう》さまざまな鳥《とり》がやってきます。おすとめすは、そのからだの大《おお》きさのちがいを生《い》かして、えさをとりわけています。

ひなや巣《す》をまもる本能《ほんのう》は、めす親《おや》のほうが強《つよ》いので、めす親《おや》が巣《す》にのこります。小《こ》型《がた》で敏《びん》しょうなおす親《おや》は、せっせと小《こ》鳥《とり》類《るい》をとらえて巣《す》にはこびます。ふ化《か》してまもないころのひなには、量《りょう》よりも、小《こ》鳥《とり》の心《しん》臓《ぞう》や肝《かん》臓《ぞう》などのように、質《しつ》のよいえさが必《ひつ》要《よう》なのです。

ところが、ひなが成《せい》長《ちょう》するにつれて、こんどは、たくさんのえさが必《ひつ》要《よう》になってきます。このころは、大《おお》型《がた》のめす親《おや》も巣《す》をはなれ、狩《か》りをして、より大《おお》きなえものをとってきます。

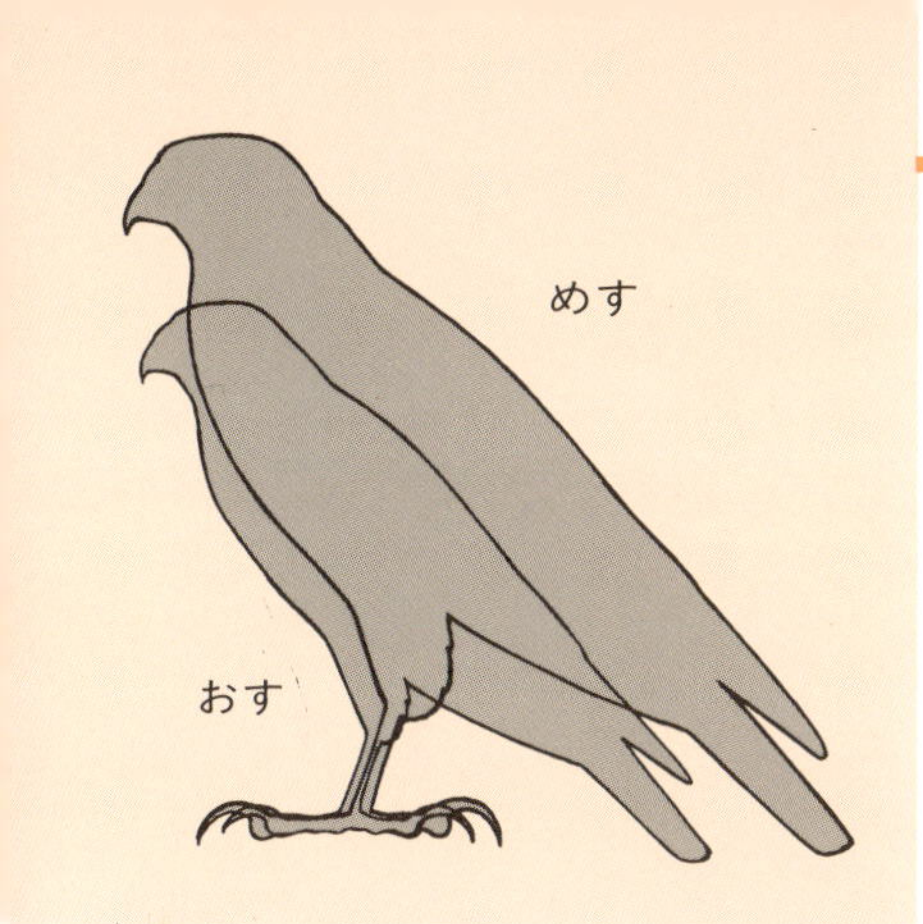

ハヤブサ	体《たい》　長《ちょう》	体《たい》　重《じゅう》
おす	40～45cm	580～770g
めす	45～49cm	925～1,300g

（北《きた》アメリカのハヤブサの体長《たいちょう》，体重《たいじゅう》。デレク・ラットクリフ著《ちょ》『ハヤブサ』より）

⬆ワシ・タカの多《おお》くは，めすがおすよりからだが大《おお》きく，これは「雌《し》雄《ゆう》二型《がた》」とよばれます。

■ハヤブサの体重《たいじゅう》のひみつ

ハヤブサのみかけだけではわからないとくちょうとして，からだの重《おも》さがあげられます。

ハヤブサは，ワシ・タカのなかまのチュウヒとくらべ，からだがひとまわり小《ちい》さくできています。ところが，体重《たいじゅう》はチュウヒよりはるかに重《おも》く，しかもじょうぶです。

この重量《じゅうりょう》のあるからだをもつからこそ，ハヤブサは，時速《じそく》400キロメートルのスピードで，自分《じぶん》より大《おお》きなえものに体《たい》あたり攻撃《こうげき》をくわえることができるのです。

■ハヤブサひげのひみつ

ハヤブサは，10キロメートル先《さき》のえものをみわけることができるといわれます。これには，ハヤブサの目《め》の下《した》のひげもようも一《ひと》役《やく》かっているようです。

ハヤブサは，海上《かいじょう》などのひらけた明《あか》るい場《ば》所《しょ》で狩《か》りをします。このとき，ハヤブサのひげもようが，まぶしさをふせいでくれると考《かんが》えられています。

明《あか》るい日《ひ》ざしのもとでプレーする野球選手《やきゅうせんしゅ》が，目《め》の下《した》にすみを入《い》れるのとにています。

●ハヤブサ

北海道《ほっかいどう》，東北《とうほく》，北陸《ほくりく》，山陰地方《さんいんちほう》の海岸《かいがん》や島《しま》のがけ，ひらけた山《さん》地《ち》の断《だん》がいなどで繁殖《はんしょく》。冬《ふゆ》は，原野《げんや》や耕地《こうち》や市街地《しがいち》など，ひらけた場所《ばしょ》にすみます。主食《しゅしょく》は小《こ》鳥類《とりるい》。全長《ぜんちょう》はおすで約《やく》38㎝，めすで約《やく》50㎝。

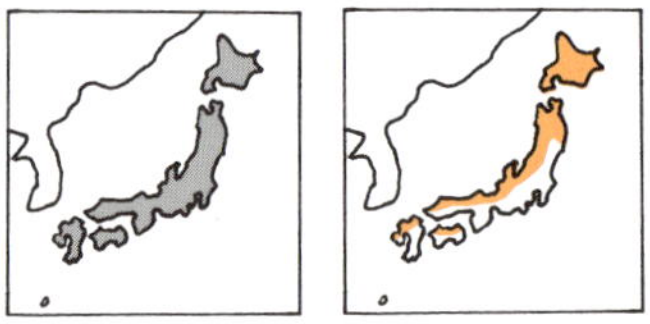

➡昭和《しょうわ》57年《ねん》から58年《ねん》にかけて，日本《にっぽん》でみられたハヤブサの都道府県別《とどうふけんべつ》の生息記録《せいそくきろく》。(『昭和《しょうわ》58年度《ねんど》・特殊《とくしゅ》鳥類調査《ちょうるいちょうさ》』環境庁《かんきょうちょう》を改変《かいへん》)

ハヤブサ類《るい》は、世界《せかい》に約《やく》六十種《しゅ》、南極《なんきょく》をのぞくすべての大陸《たいりく》とその周辺《しゅうへん》の島《しま》で、生息《せいそく》、繁殖《はんしょく》をしています。ただし、同《おな》じ種類《しゅるい》でも、地域《ちいき》によって、羽《はね》の色《いろ》やからだの大《おお》きさがことなっています。

このうち、日本《にっぽん》で観察《かんさつ》されているのは、つぎの七種類《しゅるい》です。

シロハヤブサ、ハヤブサ、チゴハヤブサ、コチョウゲンボウ、チョウゲンボウ、ヒメチョウゲンボウ、アカアシチョウゲンボウ。このうち、日本《にっぽん》で繁殖《はんしょく》しているのは、ハヤブサ、チゴハヤブサ、チョウゲンボウのわずか三種類《しゅるい》だけです。

日本《にっぽん》では、ハヤブサのなかまのほとんどが、冬《ふゆ》鳥《どり》としてやってきます。しかし、北海道《ほっかいどう》の地球岬《ちきゅうみさき》をはじめ、全国《ぜんこく》で十数《すう》か所《しょ》だけですが、ハヤブサの繁殖地《はんしょくち》が知《し》られています。

昭和《しょうわ》五十八年《ねん》十月《がつ》、ハヤブサはクマタカ、オオタカとともに、特殊鳥類《とくしゅちょうるい》に指定《してい》されました。昭和《しょうわ》

チゴハヤブサ

北海道《ほっかいどう》と東北地方北部《とうほくちほうほくぶ》のひらけた林《はやし》で繁殖《はんしょく》します。えさは小鳥《ことり》のほか，トンボなどの昆虫類《こんちゅうるい》をとって食《た》べます。冬《ふゆ》になると，本州中部以南《ほんしゅうちゅうぶいなん》の海岸《かいがん》，耕地《こうち》，原《げん》野《や》などにすみます。全長《ぜんちょう》28〜31㎝くらい。

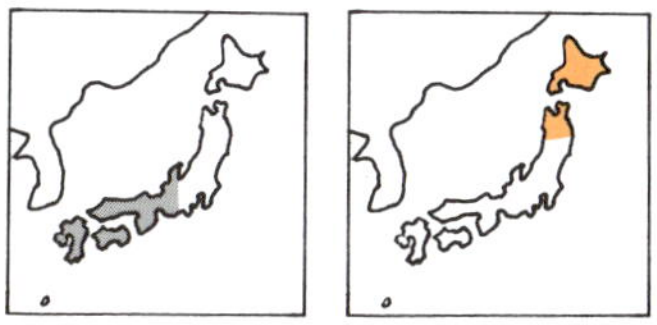

シロハヤブサ

日本《にっぽん》でみられる最大《さいだい》のハヤブサ。北極地方《ほっきょくちほう》，グリーンランドで繁《はん》殖《しょく》。冬鳥《ふゆどり》として，北海道《ほっかいどう》の海岸《かいがん》や原野《げんや》にやってきます。小鳥《ことり》だけでなく，地上《ちじょう》のウサギやネズミもとらえて食《た》べます。全長《ぜんちょう》はおすで約《やく》56㎝，めすで約《やく》61㎝。

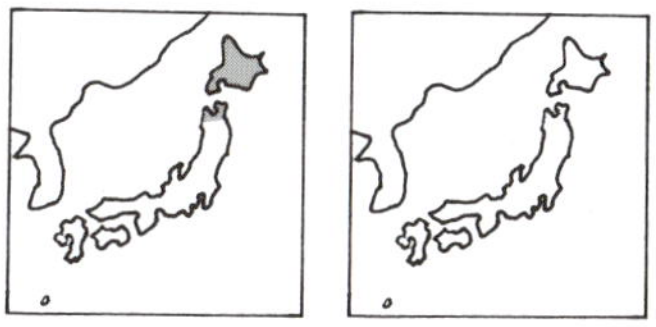

※日本では繁殖しません

チョウゲンボウ

本州中部《ほんしゅうちゅうぶ》から北部《ほくぶ》の海岸《かいがん》や山地《さんち》の断《だん》がいで繁殖《はんしょく》。冬《ふゆ》は，全国《ぜんこく》の耕地《こうち》，原野《げんや》，河口《かこう》などでみられます。空中《くうちゅう》で停止飛行《ていしひこう》して，地《ち》上《じょう》のネズミや昆虫《こんちゅう》，とまっている小鳥《ことり》をさがします。全長《ぜんちょう》はおすで約《やく》30㎝，めすで約《やく》33㎝。

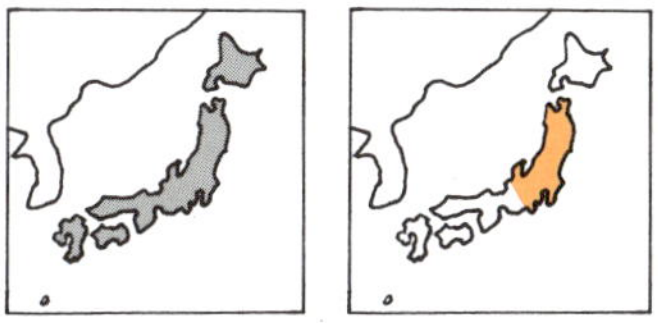

＝繁殖地《はんしょくち》

＝冬《ふゆ》みられる地域《ちいき》（越冬地《えっとうち》）

コチョウゲンボウ

シベリア東部《とうぶ》，カムチャッカなどで繁殖《はんしょく》。冬鳥《ふゆどり》として，九州《きゅうしゅう》から北《きた》の海岸《かいがん》や耕地《こうち》などのひらけたところにやってきます。すばやい動作《どうさ》で，ネズミ，小鳥《ことり》，昆《こん》虫《ちゅう》をとって食《た》べます。全長《ぜんちょう》はおすで約《やく》28㎝，めすで約《やく》31㎝。

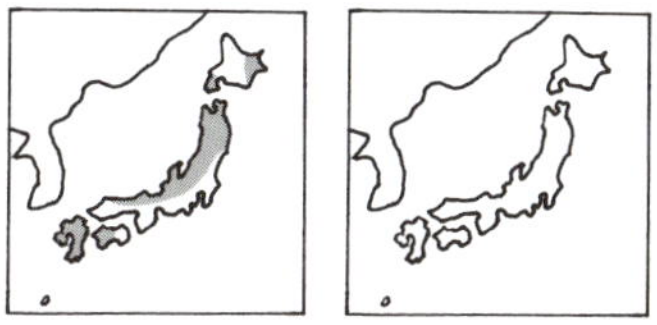

※日本では繁殖しません

五十七年《ねん》から五十八年《ねん》にかけて、日本野鳥《にほんやちょう》の会《かい》が中心《ちゅうしん》に全国的《ぜんこくてき》に調査《ちょうさ》した記録《きろく》によると、ハヤブサの生息数《せいそくすう》は、百《ひゃく》十〜百《ひゃく》三十羽《ぱ》だといいます。

ハヤブサはもともとは、ひらけた山地《さんち》の断《だん》がいでも繁殖《はんしょく》していました。しかし、生息環境《せいそくかんきょう》の悪化《あっか》とともに、人間《にんげん》がちかづけない海岸《かいがん》の断《だん》がい絶《ぜっ》ぺきに巣《す》をこしらえるようになりました。だから北《ほっ》海道《かいどう》の地球岬《ちきゅうみさき》は、ハヤブサにとって、最後《さいご》の追《お》いつめられた「がけっぷち」のひとつなのです。

＊地球岬《ちきゅうみさき》の鳥《とり》たちとハヤブサ

●地球岬《ちきゅうみさき》と測量山《そくりょうざん》付近《ふきん》でみられるおもな鳥《とり》

一年中《ねんじゅう》	夏《なつ》	冬《ふゆ》
ヒヨドリ	アオジ	オジロワシ
シジュウカラ	ウグイス	ハギマシコ
アカゲラ	キビタキ	キレンジャク
オオセグロカモメ	アカハラ	ヒレンジャク
ウミウ	ヒバリ	クロガモ
キジ	ホオジロ	ホオジロガモ
ハクセキレイ	コチドリ	ウミスズメ
カワラヒワ	ツバメ	ウミアイサ
キジバト	モズ	ハギマシコ
スズメ	コムクドリ	コミミズク
ムクドリ	カッコウ	アトリ
キクイタダキ	ホオアカ	ツグミ
	コルリ	シメ
	コヨシキリ	

132種《しゅ》を確認《かくにん》（昭和《しょうわ》55年《ねん》～57年《ねん》）

ハヤブサが繁殖《はんしょく》するのにうってつけの地球《ちきゅう》岬《みさき》の断《だん》がいにも、大《おお》きな問題《もんだい》があります。陸地《りくち》からは人間《にんげん》がちかづけない断《だん》がい絶《ぜっ》ぺきのつづく岩場《いわば》に、つり人《びと》が船《ふね》でちかづいてくるようになったことです。ハヤブサが巣《す》をつくるくらいですから、このあたりは海鳥《うみどり》が多《おお》く、とうぜん魚《さかな》や貝《かい》も豊富《ほうふ》です。

こまったことに、つり船《ぶね》が多《おお》く出《で》る時期《じき》は、ハヤブサの子育《こそだ》ての時期《じき》とかさなります。早《そう》朝《ちょう》から夕方《ゆうがた》まで、同《おな》じ場所《ばしょ》で糸《いと》をたれるつり人《びと》のせいで、ハヤブサがおちつきをなくして、巣《す》をすててしまう心配《しんぱい》もあります。さらに、つり人《びと》がすてるゴミも、ハヤブサの生息環境《せいそくかんきょう》を悪《わる》くしています。

もうひとつ、心配《しんぱい》なことがあります。地球《ちきゅう》岬《みさき》の岩場《いわば》が、ロッククライミングの訓練地《くんれんち》として利用《りよう》されはじめたことです。これもハヤ

ウミアイサ
クロガモ
ウミウ
キジ
測量山《そくりょうざん》
室蘭駅《むろらんえき》
ウグイス
オオタカ
シジュウカラ
アカゲラ
メジロ
キジ
アマツバメ
オオセグロカモメ
ヒヨドリ
ウミウ
ウミスズメ
ホオジロガモ
オジロワシ

夏《なつ》の わたり鳥《どり》の群《む》れ
地球岬燈台《ちきゅうみさきとうだい》
オオセグロカモメの巣《す》
ウミネコの巣《す》
イソヒヨドリの巣《す》
ウミウの巣《す》
ハヤブサの巣《す》
ウミウ

●6月《がつ》の地球岬《ちきゅうみさき》
（ハヤブサのなわばり）

ブサが巣《す》をすてる原因《げんいん》になります。
このような、人間《にんげん》のちょっとした不注意《ふちゅうい》によって、かけがえのない生《い》き物《もの》たちを絶滅《ぜつめつ》においやることだけはさけたいものです。

＊地《ち》球岬《きゅうみさき》のハヤブサの一年《ねん》

地《ち》球岬《きゅうみさき》の断《だん》がいにすむハヤブサたちは、どのような一年《ねん》をすごすのか、もういちどみてみましょう。

1月《がつ》

ハヤブサのつがいは、冬《ふゆ》をいっしょにすごします。一方《いっぽう》が死《し》ぬまで、つがいははなれることがありません。

2月《がつ》

おすからめすに、空中《くうちゅう》でえさをわたす行動《こうどう》がみられます。

3月《がつ》

おすからめすにえさの小鳥《ことり》をプレゼント。

つがいでなかよく海上《かいじょう》を飛《と》ぶのもこの季節《きせつ》。

12月《がつ》

なわばりにのこったおす親《おや》とめす親《おや》は、海上《かいじょう》にえさとなる鳥《とり》がへると、町《まち》の上空《じょうくう》にやってきます。そこで、ドバトやスズメを海《うみ》の上《うえ》に追《お》い出《だ》して、おそったりします。

わたりのとちゅうで、自分《じぶん》より強《つよ》い鳥《とり》をおそい、反対《はんたい》に攻撃《こうげき》をうけて死《し》ぬ若鳥《わかどり》もいます。

11月《がつ》

自分《じぶん》のなわばりとえさをもとめて、海上《かいじょう》をわたっていく若鳥《わかどり》。

10月《がつ》

めす親《おや》

若鳥《わかどり》

若鳥《わかどり》が一人《いちにん》まえになると、めす親《おや》は自分《じぶん》のなわばりから追《お》い出《だ》します。

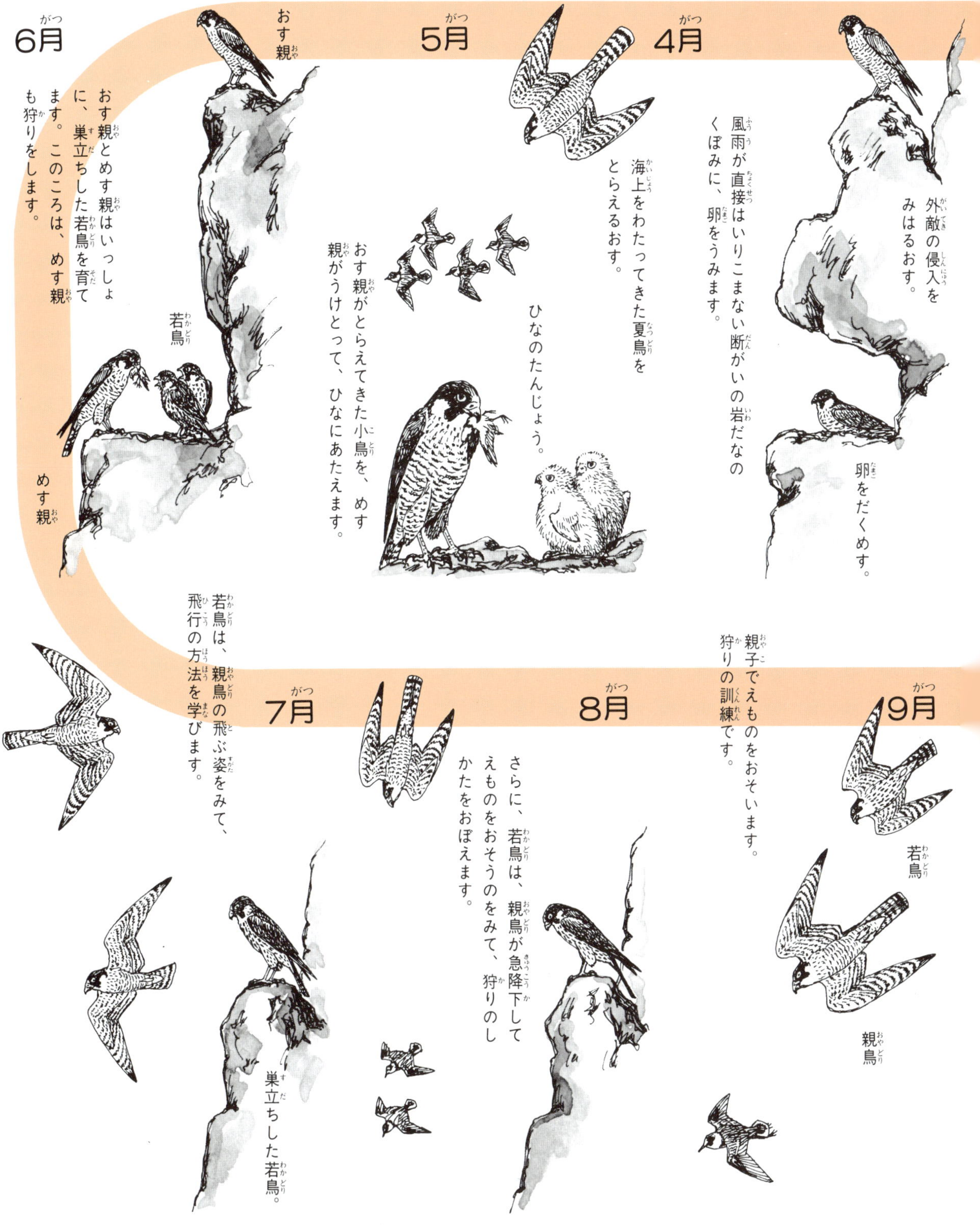

4月《がつ》

外敵《がいてき》の侵入《しんにゅう》をみはるおす。

風雨《ふうう》が直接《ちょくせつ》はいりこまない断《だん》がいの岩《いわ》だなのくぼみに、卵《たまご》をうみます。

卵《たまご》をだくめす。

5月《がつ》

海上《かいじょう》をわたってきた夏鳥《なつどり》をとらえるおす。

ひなのたんじょう。

おす親《おや》がとらえてきた小鳥《ことり》を、めす親《おや》がうけとって、ひなにあたえます。

6月《がつ》

おす親《おや》

おす親《おや》とめす親《おや》はいっしょに、巣立《すだ》ちした若鳥《わかどり》を育《そだ》てます。このころは、めす親《おや》も狩《か》りをします。

若鳥《わかどり》

めす親《おや》

9月《がつ》

親子《おやこ》でえものをおそいます。狩《か》りの訓練《くんれん》です。

若鳥《わかどり》

親鳥《おやどり》

8月《がつ》

さらに、若鳥《わかどり》は、親鳥《おやどり》が急降下《きゅうこうか》してえものをおそうのをみて、狩《か》りのしかたをおぼえます。

7月《がつ》

若鳥《わかどり》は、親鳥《おやどり》の飛《と》ぶ姿《すがた》をみて、飛行《ひこう》の方法《ほうほう》を学《まな》びます。

巣立《すだ》ちした若鳥《わかどり》。

※自然界《しぜんかい》の植物《しょくぶつ》，昆虫《こんちゅう》，鳥《とり》，けものなどの生《い》き物《もの》どうしの「食《た》べる食《た》べられる」の関係《かんけい》を食物連鎖《しょくもつれんさ》といいます。太陽《たいよう》の光《ひかり》と水《みず》と空気《くうき》から栄養《えいよう》をつくり出《だ》す植物《しょくぶつ》や，それを食《た》べる動物《どうぶつ》は一種類《しゅるい》あたりの数《かず》が多《おお》く，猛《もう》きん類《るい》などは数《かず》が少《すく》なく，図《ず》にすると，ちょうどピラミッドのような形《かたち》になります。

●地球岬《ちきゅうみさき》のハヤブサと食物連鎖《しょくもつれんさ》

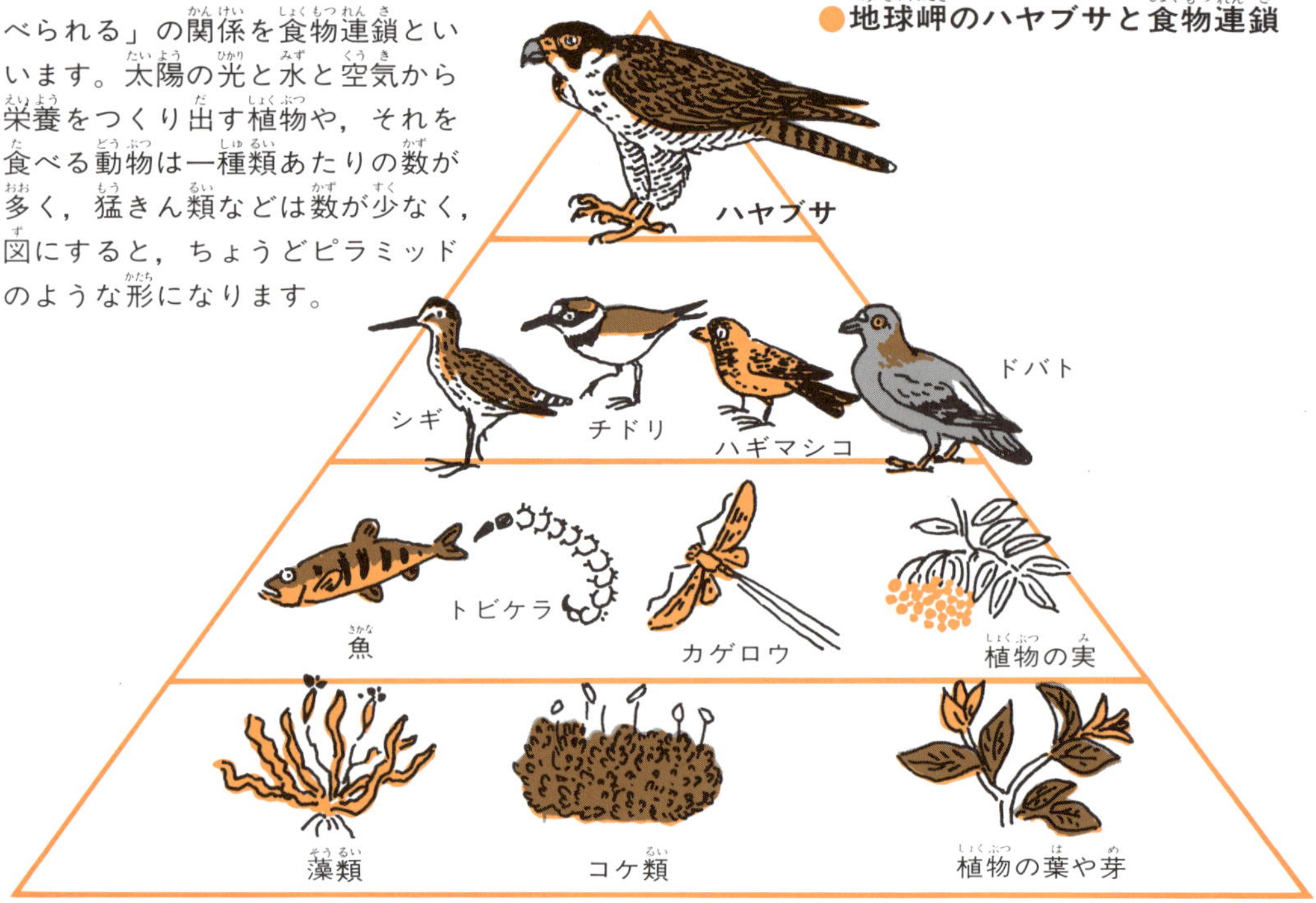
ハヤブサ
シギ
チドリ
ハギマシコ
ドバト
魚《さかな》
トビケラ
カゲロウ
植物《しょくぶつ》の実《み》
藻類《そうるい》
コケ類《るい》
植物《しょくぶつ》の葉《は》や芽《め》

ハヤブサの数《かず》は、日本《にっぽん》だけでなく、世界各《せかいかく》地《ち》でも激減《げきげん》しているといわれています。

その原因《げんいん》のひとつは、自然破壊《しぜんはかい》による生息《せいそく》環境《かんきょう》の悪化《あっか》です。食物連鎖《しょくもつれんさ》（上《うえ》の図《ず》を参照《さんしょう》）の下《した》のほうに位置《いち》する植物《しょくぶつ》や昆虫《こんちゅう》が少《すく》なくなったら、上《うえ》のほうに位置《いち》し、もともと数《かず》の少《すく》ないワシ・タカ類《るい》はさらにへってしまいます。

もうひとつは、はく製《せい》にするための密《みつ》りょうによる被害《ひがい》です。

しかし、もっと重大《じゅうだい》な原因《げんいん》は、農薬《のうやく》による汚染《おせん》です。イギリスでは、ハヤブサの巣《す》にこわれた卵《たまご》がめだち、ふ化《か》するひなの数《かず》がひじように少《すく》なくなってしまいました。卵《たまご》のからがうすくなり、こわれやすくなったのです。

たとえ少量《しょうりょう》の農薬《のうやく》でも、それをとりこんだ植物《しょくぶつ》のたね、昆虫《こんちゅう》、ミミズを、小鳥《ことり》が食《た》べ、その小鳥《ことり》をハヤブサが食《た》べ、食物連鎖《しょくもつれんさ》の頂点《ちょうてん》

ハヤブサの習性《しゅうせい》を利用《りよう》したタカ狩《が》り

「タカ狩《が》り」は、かいならしたハヤブサやオオタカを野山《のやま》にはなし、その習性《しゅうせい》をたくみに利用《りよう》して、鳥《とり》やウサギをとらえさせる一種《いっしゅ》のスポーツです。

もとはといえば、食料《しょくりょう》として鳥《とり》や動物《どうぶつ》の肉《にく》をえるために、四千年《せんねん》もまえに中央《ちゅうおう》アジアでくふうされた狩《か》りの方法《ほうほう》です。ヨーロッパでは、千《せん》五百年《ひゃくねん》ほどまえにはじまり、貴族《きぞく》のスポーツとして発達《はったつ》しました。

日本《にっぽん》にも同《おな》じころ、朝鮮半島《ちょうせんはんとう》からタカ狩《が》りがつたわりました。そして、身分《みぶん》の高《たか》い人《ひと》びとの、大《おお》がかりで、お金《かね》のかかる遊《あそ》びとなりました。

鷹山《たかやま》とか鷹匠町《たかじょうまち》といった地名《ちめい》が多《おお》くのこっていますが、タカ狩《が》りにまつわるものと考《かんが》えられます。

こうしてみると、ハヤブサはずいぶん古《ふる》くから、世界中《せかいじゅう》の人《ひと》びとに知《し》られていたことがわかります。

↑いまから400年《ねん》ほどまえの，ヨーロッパの貴族《きぞく》のタカ狩《が》りのようすをつたえる版画《はんが》。貴族《きぞく》たちは，イヌをつかったウサギ狩《が》りよりも，タカ狩《が》りのほうをこのみました。

にちかづくにつれ、農薬《のうやく》は数百倍《すうひゃくばい》、数千倍《すうせんばい》と濃縮《のうしゅく》されてからだの中《なか》にたまっていきます。

陸《りく》の生《い》き物《もの》だけではありません。農薬《のうやく》は川《かわ》から海《うみ》へもながれ、プランクトンのからだにはいり、それを魚《さかな》が食《た》べます。さらにその魚《さかな》を食《た》べた海鳥《うみどり》を、ハヤブサが食《た》べます。

魚《さかな》をえさとするアメリカの国鳥《こくちょう》ハクトウワシも、農薬《のうやく》の影響《えいきょう》で繁殖能力《はんしょくのうりょく》がよわまり、その数《かず》があっというまにへってしまったことはよく知《し》られています。

人類《じんるい》は、農薬《のうやく》のおかげでたくさん食糧《しょくりょう》をつくれるようになりました。しかし、いっぽうでは、このように自然《しぜん》を汚染《おせん》しているのです。

わたしたち人間《にんげん》も、自然界《しぜんかい》の一員《いちいん》です。ハヤブサやハクトウワシと同《おな》じような運命《うんめい》をたどらないとは、だれも断言《だんげん》できません。ハヤブサが、自然界《しぜんかい》の番人《ばんにん》である理由《りゆう》は、ここにもあるのです。

あとがき

新幹線《しんかんせん》もジェット旅客機《りょかっき》もなかったわたしたちの子《こ》どものころ、ハヤブサは、子《こ》どもたちのあこがれの鳥《とり》でした。科学技術《かがくぎじゅつ》がこれだけ進歩《しんぽ》した現在《げんざい》でも、時《じ》速《そく》四百《ひゃっ》キロメートルのハヤブサのスピードは、やはりわたしたち人間《にんげん》には、たまらない魅力《みりょく》であることにはかわりありません。

『ハヤブサの四季《しき》』の舞台《ぶたい》となった北海道室蘭市《ほっかいどうむろらんし》の地球岬一帯《ちきゅうみさきいったい》は、製鉄《せいてつ》の町《まち》として発展《はってん》してきた室蘭《むろらん》に、かろうじてのこされたささやかな緑《みどり》のオアシスです。人口《じんこう》十四万《まん》の工業都市《こうぎょうとし》の中心《ちゅうしん》から、わずか一~二キロメートルしかはなれていないところに、全国《ぜんこく》で百《ひゃく》三十羽《ば》ほどしかいなくなったハヤブサが、五つがいも繁殖《はんしょく》していることを知《し》ったとき、それはたいへんなおどろきでした。

たとえ、そこが、わたしたち人間《にんげん》と同《おな》じように貴《とうと》い生命《せいめい》をもつ生《い》き物《もの》たちのかけがいのないすみかであっても、これまで人間《にんげん》は利用《りよう》できそうな土地《とち》には、ことごとく手《て》をつけてきました。それだけに、人間《にんげん》がふみこむことのできない断《だん》がいをすみかとしていたハヤブサのしたたかな生命力《せいめいりょく》に感動《かんどう》したものでした。

地球岬《ちきゅうみさき》のハヤブサの生態観察《せいたいかんさつ》をつづけること十年《ねん》。足《あし》もすくむ断《だん》がい絶《ぜっ》ぺきときびしい北海道《ほっかいどう》の気象条件《きしょうじょうけん》が、日本《にっぽん》ではほとんど研究《けんきゅう》されていないハヤブサの生態観察《せいたいかんさつ》を困難《こんなん》なものにしてきましたが、この鳥《とり》のわくわくするような魅力《みりょく》が、わたしたちを本書《ほんしょ》の完成《かんせい》へと導《みちび》いてくれたものと信《しん》じています。

松田忠徳《まつだただのり》

（一九八六年十一月）

NDC488
伊藤正清
科学のアルバム　動物・鳥 16
ハヤブサの四季

あかね書房 2022
54P　23×19cm

科学のアルバム
ハヤブサの四季

一九八六年一一月初版
二〇〇五年 四 月新装版第 一 刷
二〇二二年一〇月新装版第一二刷

著者　伊藤正清
　　　松田忠徳

発行者　岡本光晴
発行所　株式会社 あかね書房
〒一〇一－〇〇六五
東京都千代田区西神田三－二－一
電話〇三－三二六三－〇六四一（代表）
http://www.akaneshobo.co.jp
印刷所　株式会社 精興社
写植所　株式会社 田下フォト・タイプ
製本所　株式会社 難波製本

ISBN978-4-251-03389-5
定価は裏表紙に表示してあります。
落丁本・乱丁本はおとりかえいたします。

○表紙写真
・ハヤブサのするどい顔《かお》
○裏表紙写真（上から）
・ハヤブサのめす（左《ひだり》）とおす（右《みぎ》）
・長《なが》いつばさを広《ひろ》げて滑空《かっくう》
・岩場《いわば》から飛《と》び立《た》つ
○扉写真
・めす親《おや》と、ふ化後《かご》 18 日目《にちめ》のひな
○もくじ写真
・海上《かいじょう》を飛《と》ぶハヤブサ

科学のアルバム

全国学校図書館協議会選定図書・基本図書
サンケイ児童出版文化賞大賞受賞

虫

モンシロチョウ
アリの世界
カブトムシ
アカトンボの一生
セミの一生
アゲハチョウ
ミツバチのふしぎ
トノサマバッタ
クモのひみつ
カマキリのかんさつ
鳴く虫の世界
カイコ まゆからまゆまで
テントウムシ
クワガタムシ
ホタル 光のひみつ
高山チョウのくらし
昆虫のふしぎ 色と形のひみつ
ギフチョウ
水生昆虫のひみつ

植物

アサガオ たねからたねまで
食虫植物のひみつ
ヒマワリのかんさつ
イネの一生
高山植物の一年
サクラの一年
ヘチマのかんさつ
サボテンのふしぎ
キノコの世界
たねのゆくえ
コケの世界
ジャガイモ
植物は動いている
水草のひみつ
紅葉のふしぎ
ムギの一生
ドングリ
花の色のふしぎ

動物・鳥

カエルのたんじょう
カニのくらし
ツバメのくらし
サンゴ礁の世界
たまごのひみつ
カタツムリ
モリアオガエル
フクロウ
シカのくらし
カラスのくらし
ヘビとトカゲ
キツツキの森
森のキタキツネ
サケのたんじょう
コウモリ
ハヤブサの四季
カメのくらし
メダカのくらし
ヤマネのくらし
ヤドカリ

天文・地学

月をみよう
雲と天気
星の一生
きょうりゅう
太陽のふしぎ
星座をさがそう
惑星をみよう
しょうにゅうどう探検
雪の一生
火山は生きている
水 めぐる水のひみつ
塩 海からきた宝石
氷の世界
鉱物 地底からのたより
砂漠の世界
流れ星・隕石